NOUVEAUX SYMBOLES

A L'USAGE DES MATHÉMATIQUES

OU

NOTATION DE POSITION GÉOMÉTRIQUE

PAR

Louis D'HENRY,

[illegible]
Membre correspondant
de la Société des Sciences, [illegible]

PARIS,

LIBRAIRIE CHARLES DELAGRAVE,

15, rue Soufflot

NOUVEAUX SYMBOLES

A L'USAGE DES MATHÉMATIQUES

OU

NOTATION DE POSITION GÉOMÉTRIQUE.

LILLE. — IMP. L. DANEL.

NOUVEAUX SYMBOLES

A L'USAGE DES MATHÉMATIQUES

OU

NOTATION DE POSITION GÉOMÉTRIQUE

PAR

Louis D'HENRY,

Ingénieur Chimiste, à La Madeleine-lez-Lille,
Membre correspondant
de la Société des Sciences, de l'Agriculture et des Arts de Lille, etc.

PARIS,
LIBRAIRIE CHARLES DELAGRAVE,
15, rue Soufflot.

Extrait des Mémoires de la Société des Sciences, de l'Agriculture et des Arts de Lille.
4e série, tome IX, année 1881.

DATE DE LA PRÉSENTATION :

21 mai 1880.

INTRODUCTION.

PREMIER PAS DANS UNE NOUVELLE DIRECTION.

Depuis plus d'un siècle, la notation algébrique usuelle n'a subi aucune modification.

Les signes qui la composent sont simples et élégants; ils ont été adoptés par toutes les nations civilisées.

Il semble donc, qu'ils ont acquis toute la perfection dont ils sont capables. Est-ce à dire, pour cela, qu'il n'y ait plus rien à chercher de ce côté? C'est ce que je n'ai pas pensé.

Un reproche que l'on peut faire à cette notation, c'est que ses signes sont tout à fait arbitraires, et n'ont aucun rapport avec les relations qu'ils représentent : ils ne font pas image.

Ce reproche peut paraître de peu d'importance, s'il s'agit de simples questions d'arithmétique ou d'algèbre, mais il devient plus grave, si l'on considère les applications de l'arithmétique ou de l'algèbre à la géométrie et réciproquement.

Du reste, tous les jours, le besoin de parler aux yeux ne

fait-il pas avoir recours à la représentation géométrique, même dans les questions les plus étrangères à cette science ; et ne voit-on pas se servir de figures, de constructions, de courbes, pour rendre plus facilement compréhensibles, plus palpables, certaines relations, certaines lois. C'est même une tendance de cette époque, de chercher ainsi à parler aux yeux, pour faciliter la compréhension des vérités d'ordre mathématique.

On comprend aisément, que si l'on veut obtenir une notation mathématique qui fasse image, c'est à la géométrie qu'il faut faire appel, pour fournir les signes nécessaires à la représentation des relations des quantités algébriques.

Si l'on suppose ces signes trouvés, on pourra, pour ainsi dire, d'un seul coup d'œil, lire sur une figure géométrique sa formule algébrique, et réciproquement une formule algébrique étant donnée, on pourra, par le simple examen de la forme de l'équation, voir l'image de la figure géométrique qui lui a donné naissance.

Tel est le problème que depuis longtemps je me suis proposé dans l'espoir d'en trouver une solution.

J'ai cherché, si dans les diverses figures de la géométrie plane, je ne trouverais pas les éléments nécessaires pour arriver au but.

Ce sont les résultats de ces recherches, que je me propose de développer dans la suite de ce travail.

Dans la revue que j'ai du faire des propriétés des lignes et des figures de la géométrie, mon attention s'est surtout arrêtée sur la ligne droite, et sur les triangles semblables.

Dans la ligne droite, on trouvera la représentation de la quantité ou du nombre. Plusieurs lignes droites mises bout à bout, pourront former la représentation de l'addition de plusieurs quantités ou nombres.

Dans les triangles semblables, les côtés homologues proportionnels donneront l'image des quantités proportionnelles ; de là, la croix de proportion.

Toutes les questions peuvent plus ou moins directement se rapporter soit à l'addition, soit à la proportionnalité, soit aux deux à la fois.

Prenons par exemple, le triangle rectangle et sa perpendiculaire, dont les propriétés donnent lieu à tant d'applications.

En décomposant cette figure en ses éléments, on voit qu'elle n'est autre que la superposition de trois triangles semblables, superposition qui a lieu par suite de l'égalité de certains des éléments de ces triangles.

Les résultats auxquels je suis arrivé, me paraissent assez intéressants pour attirer l'attention de mathématiciens, et provoquer de nouveaux travaux dans la même direction.

Je ne prétends pas avoir résolu définitivement le problème. Peut-être y a-t-il d'autres manières plus simples, qui sont encore à trouver. Mon travail a donc aussi pour but de donner l'éveil.

Dans son état actuel, je le crois déjà appelé à rendre quelques services. Journellement, dans un certain nombre de questions, je fais usage de préférence de la nouvelle notation, pour la résolution de problèmes où son emploi me paraît plus simple.

L'avenir montrera si je ne me suis pas trompé, en accordant trop d'importance à cette notation ; quoiqu'il en soit je la présente avec confiance, et en terminant je dirai, par imitation d'une parole de Franklin :

Qui peut dire ce que deviendra l'enfant qui vient de naître ?

NOUVEAUX SYMBOLES

A L'USAGE DES MATHÉMATIQUES

OU

NOTATION DE POSITION GÉOMÉTRIQUE.

CHAPITRE I.

QUANTITÉS ADDITIVES.

SYMBOLE. — LA LIGNE DROITE.

En proposant de nouveaux symboles pour la représentation des relations des quantités algébriques, mon intention n'est nullement de prétendre qu'ils puissent, immédiatement, dans tous les cas remplacer avantageusement les signes actuellement en usage.

Mon but est plus restreint ; je demande simplement une modeste place pour ces nouveaux symboles, à côté des anciens, dans les questions où ils offriront un avantage pour faciliter et éclairer certaines démonstrations, résoudre certains problèmes, ou pour présenter d'une manière plus nette ou plus générale diverses relations mathématiques.

Plus tard, après de nouvelles recherches, peut-être les mathématiciens parviendront-ils à étendre le rôle de ces symboles, en en imaginant d'autres qui viendront les compléter.

J'ai rédigé ces notes tout incomplètes qu'elles soient,

parce que je n'ai pas les loisirs nécessaires pour poursuivre ces recherches dans les limites étendues qu'elles comportent.

Cela dit, entrons en matière.

En mathématiques, une *équation*, c'est une expression formée de deux membres égaux en quantité et séparés par un signe qui signifie *égal*.

Une équation exprime donc deux fois la même chose, mais d'une manière différente dans chaque membre.

Chaque membre d'une équation se compose de nombres ou de lettres unies par des signes, qui indiquent les opérations auxquelles on doit les soumettre.

Les signes principaux sont :

1° Les signes de l'addition et de la soustraction ;

2° Les signes de la multiplication et de la division ;

3° Les signes de l'élévation à des puissances et de l'extraction des racines.

Tous ces signes, ordinairement adoptés, sont complètement arbitraires et n'ont aucun rapport avec l'idée qu'ils représentent ; mais ils ont un grand mérite, qu'on ne peut leur contester, c'est leur extrême simplicité.

Les nouveaux signes ou symboles qui font l'objet de ce travail, ont pour caractère spécial de parler aux yeux en même temps qu'à l'esprit ; ils font image, et c'est par la position géométrique relative des nombres ou des lettres dans les formules, qu'on juge des relations qui les unissent.

Un certain nombre des anciens signes sont conservés, et on les emploie principalement pour figurer dans les équations, quand cela est nécessaire, les conditions secondaires des questions à résoudre.

Certaines formules obtenues à l'aide de ces nouveaux symboles, ont une plus grande généralité et une plus grande simplicité que celles qui proviennent du système aujourd'hui en usage.

Ce qui caractérise ce système de notation, c'est que les grandeurs (chiffres ou lettres) sont représentées par des *lignes droites* ; et ainsi que nous l'avons dit plus haut, c'est la place relative qu'occupe chaque ligne qui indique ses relations avec les autres. C'est donc à proprement parler une *notation de position géométrique*.

Voyons comment, par l'emploi des lignes droites, nous pouvons arriver à notre but.

Une ligne droite tracée sur un plan, sur une feuille de papier, partageant le plan ou la feuille de papier en deux parties, peut être considérée comme ayant *deux côtés*.

Une telle ligne peut être limitée en longueur, en la supposant s'arrêter à deux points que l'on fixe arbitrairement.

On peut alors considérer à part chaque côté de la ligne, et subdiviser sa longueur d'une manière différente pour chaque côté, par de petits traits perpendiculaires qui rejoignent la ligne mais ne la coupent pas, sauf aux deux points extrêmes de la ligne où les traits doivent déborder de part et d'autre.

Une ligne ainsi subdivisée des deux côtés sera l'image d'une équation algébrique ; comme elle, elle représentera deux fois une même quantité, qui ici est la longueur de la droite, exprimée d'une manière différente sur chaque côté par les traits de division.

Prenons un exemple.

Soit la droite AB, terminée à ses deux extrémités par les petits traits A et B, qui débordent de chaque côté.

Divisons je suppose, le côté supérieur de la droite en deux parties quelconques par un petit trait C placé au-dessus d'elle, mais qui la rejoigne sans la couper.

Divisons semblablement le côté inférieur de la même droite, par les deux traits D et E tracés au-dessous.

On obtient ainsi la figure 1.

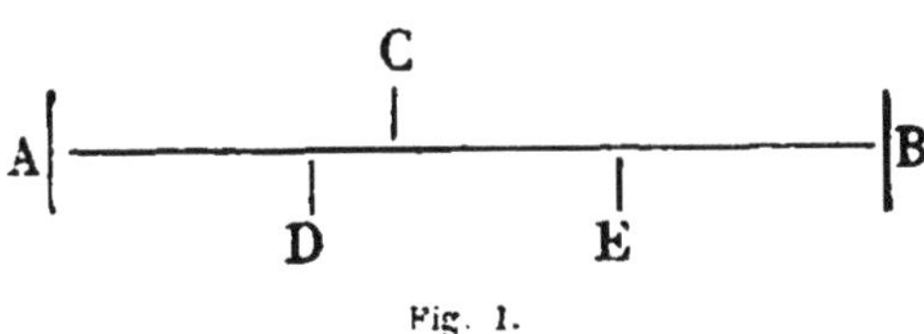

Fig. 1.

Maintenant désignons les longueurs :

AC par a,
CB par b,
AD par c,
DE par d,
EB par e,

En inscrivant ces petites lettres en face des longueurs qu'elles représentent, et en supprimant les grandes lettres qui sont devenues inutiles, on aura la figure **2**.

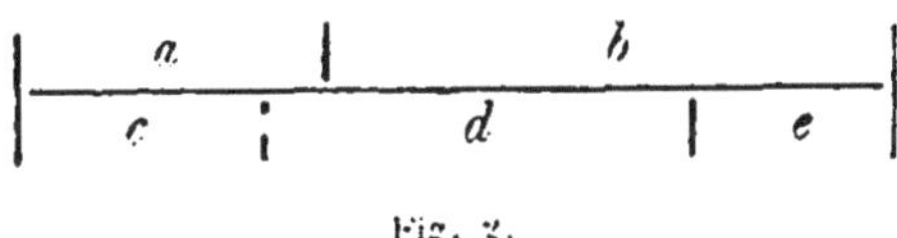

Fig. 2.

Cette figure montre que l'on a évidemment :

$$a + b = c + d + e$$

et elle pourra servir à représenter et à remplacer non-seulement l'équation précédente, mais encore toutes les équations qu'on peut en déduire, comme :

$$a = c + d + e - b$$
$$b = c + d + e - a$$
$$c = a + b - d - e$$
$$d = a + b - c - e$$
$$e = a + b - c - d$$

et

$$c + d = a + b - e$$
$$c + e = a + b - d$$
$$d + e = a + b - c$$

etc., etc.

Il faut remarquer que l'on peut, en général, donner aux lignes des longueurs arbitraires, car ce que l'on cherche à figurer c'est non la longueur de la ligne qui du reste est représentée par une lettre ou par un nombre, mais bien sa position qui indique ses relations avec les autres lignes du même symbole.

Il suffira, pour tirer mentalement et sans peine de la figure 2, toutes les équations qui en dépendent, de jeter les yeux sur elle, en faisant l'application de la règle suivante :

Quand on connait la somme de plusieurs quantités, dont une ou plusieurs sont inconnues, les autres étant connues, on obtient la quantité inconnue ou la somme des quantités inconnues s'il y en a plusieurs, en retranchant de la somme totale, la quantité connue ou la somme des quantités connues.

Ce qui précède étant bien compris, voyons comment on peut combiner entre elles plusieurs équations formulées de cette manière, dans les problèmes à plusieurs inconnues.

Pour cela nous choisirons trois problèmes très simples.

Premier problème.

La somme de deux nombres est s et leur différence est d.

Quels sont ces deux nombres ?

Soient x et y les deux nombres inconnus ; et supposons que x soit le plus grand, nous pourrons poser :

(A)

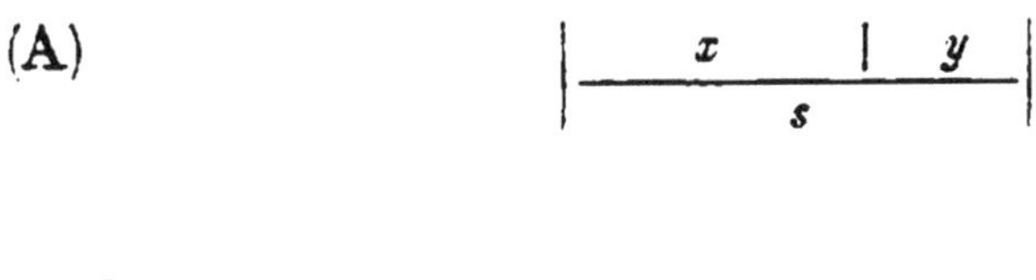

et (B)

si nous mettons bout à bout les systèmes (A) et (B), nous aurons :

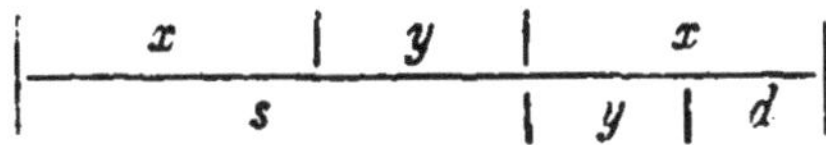

comme y se trouve en haut et en bas on pourra le supprimer des deux côtés sans altérer l'égalité et l'on aura :

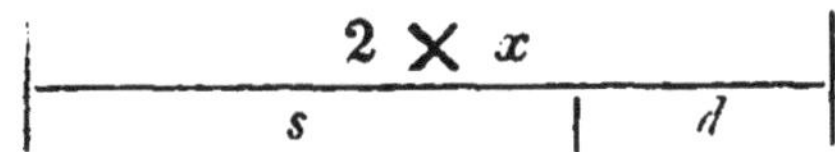

c'est-à-dire qu'il faudra ajouter la somme s à la différence d et diviser le total par 2 pour avoir x.

Le nombre x étant connu, on obtiendra le nombre y en introduisant la valeur de x dans l'équation (A) et en effectuant les opérations indiquées ; c'est-à-dire que de la somme s on retranchera x, la différence donnera y.

Si au lieu de x on voulait d'abord obtenir y, on écrirait de même à la suite l'une de l'autre, les deux équations (A) et (B), mais dans ce cas il faudrait renverser l'équation (B), comme le représente la figure ci-dessous :

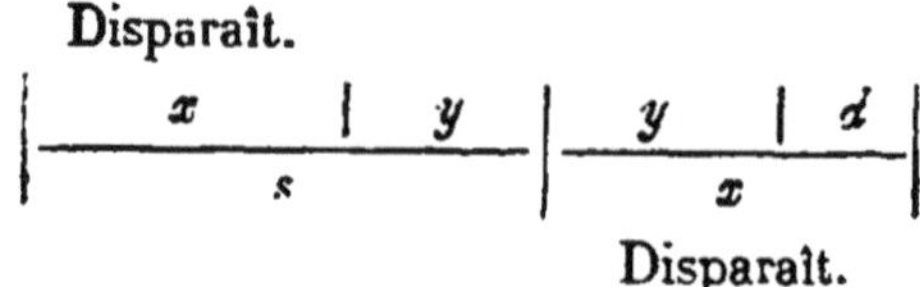

ici x étant commun en haut et en bas pourra être supprimé, et il restera :

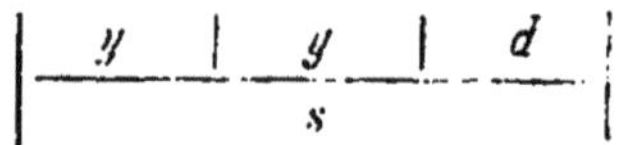

d'où l'on tirera la valeur de y en retranchant d de s et en divisant la différence par le nombre 2.

Alors la valeur de x pourra être obtenue de l'équation A, en soustrayant de s le nombre trouvé pour y.

Deuxième Problème.

Un père à 5 ans de moins que trois fois l'âge de son fils, et si à 2 fois l'âge du père on ajoute l'âge du fils on obtient 95 ans.

Quel est l'âge du père et celui du fils ?

Désignons par x l'âge du père, et par y l'âge du fils, on pourra écrire :

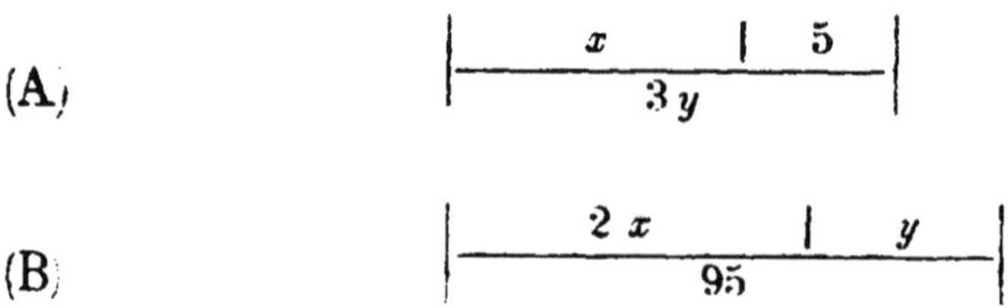

si l'on met bout à bout les deux équations, comme il est figuré ci-dessous,

soit directement

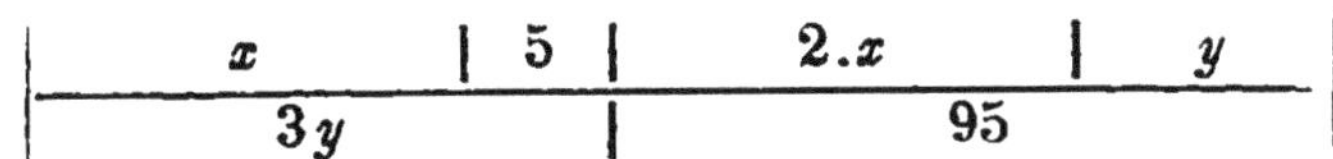

soit en renversant l'équation (B)

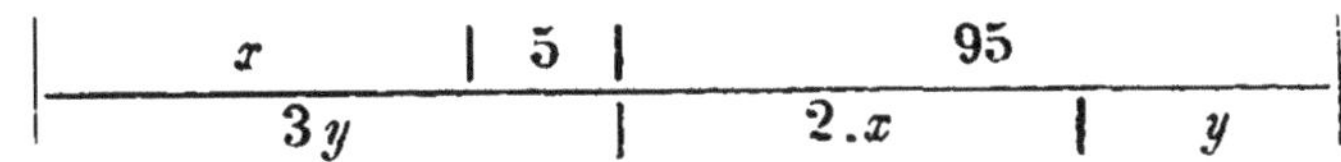

il est facile de voir que dans ni l'une ni l'autre des deux manières on ne peut éliminer ni x ni y, parce que ces lettres ne figurent pas un même nombre de fois en haut et en bas. En effet dans le premier cas, on trouve y une fois en haut et trois fois en bas; et dans le second, on a x une fois en haut et deux fois en bas.

Pour pouvoir éliminer soit x soit y, il est nécesaire que la lettre que l'on veut faire disparaître, figure pour une même quantité en haut et en bas.

On remplit facilement cette condition, en répétant un nombre convenable de fois l'une des deux équations, c'est-à-dire en la multipliant par un coefficient convenable ; ce que l'on indique en mettant une accolade au-dessus et au-dessous de cette équation, et en inscrivant le coefficient au milieu de l'accolade.

Dans le cas qui nous occupe, on écrira comme ci-après :

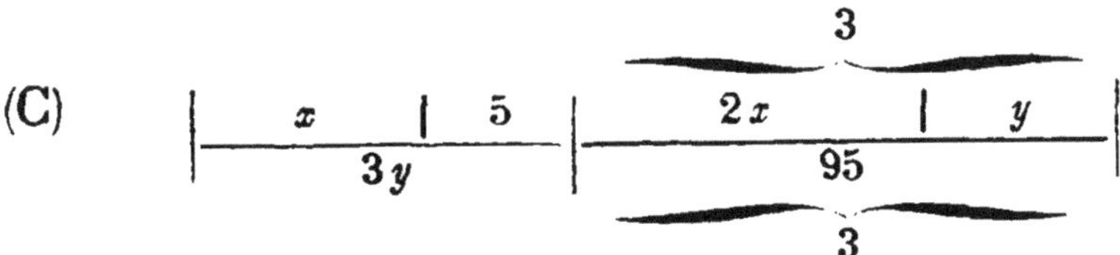

L'accolade signifie donc que tous les termes de l'équation (B) doivent être multipliés par 3 et qu'on doit lire l'équation (C) comme s'il y avait :

Disparaît.

$$\Bigg|\frac{x \;\big|\; 5}{3y}\Bigg|\frac{3\times 2x \;\big|\; 3\times y}{3\times 95}\Bigg|$$

Disparaît.

Alors la quantité $3\,y$ se trouvant commune en haut et en bas, on peut la retrancher de part et d'autre, et il reste :

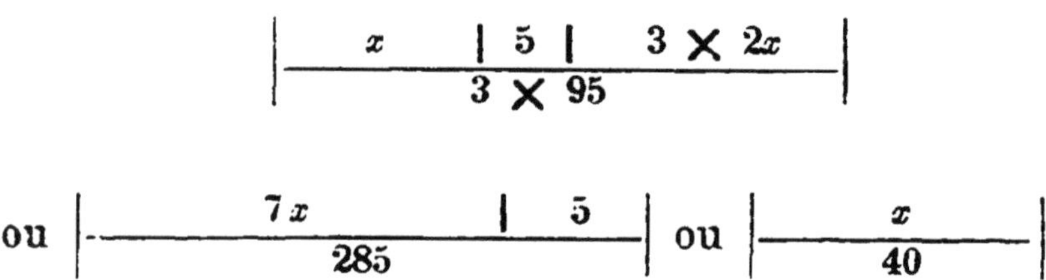

En effectuant les opérations qui viennent d'être indiquées, on trouve $x = 40$.

Si l'on introduit cette valeur de x dans l'équation (A), on a :

$$\Bigg|\frac{40 \;\big|\; 5}{3y}\Bigg|$$

on en tirera la valeur de y, c'est-à-dire $y = 15$.

Au lieu de faire disparaître d'abord y, on aurait pu désirer éliminer x.

Dans ce cas il aurait suffi de multiplier la première équation (A) par 2 et de renverser l'une des deux équations comme il suit :

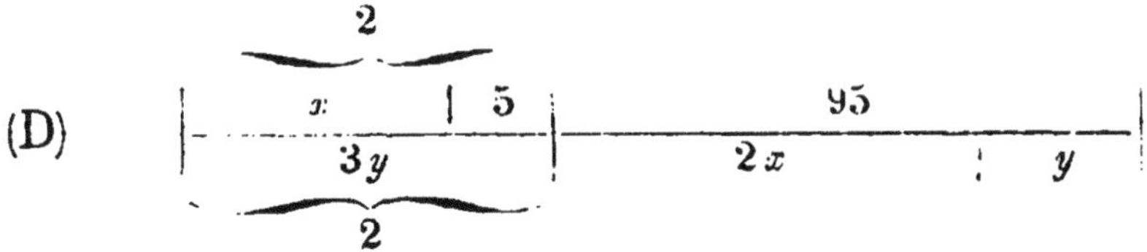

alors $2x$ s'élimine et il reste :

$$\left| \frac{2 \times 5 \mid 95}{2 \times 3y \mid y} \right| \quad \text{d'où} \quad \left| \frac{10 \mid 95}{7y} \right|$$

d'où $y = 15$.

En introduisant cettte valeur de y dans l'équation (A) on en déduira la valeur de x ; c'est-à-dire $x=40$.

Troisième Problème.

Deux nombres sont tels que 2 fois le plus grand donne le même produit que 5 fois le plus petit, et en outre, si à 3 fois le plus grand on ajoute 4 fois le plus petit, on obtient le nombre 207.

Quels sont ces deux nombres ?

Désignons par x le plus grand nombre, et par y le plus petit : nous pourrons poser les deux équations.

$$(A) \quad \left| \frac{2x}{5y} \right| \quad \text{et (B)} \quad \left| \frac{3x \mid 4y}{207} \right|$$

On voit que x et y se trouvent un nombre inégal de fois dans les deux équations. Or, pour pouvoir éliminer l'une ou l'autre de ces inconnues par la combinaison des équations (A) et (B), il est nécessaire que l'inconnue, qui doit disparaître, se trouve un nombre égal de fois en haut et en bas.

Pour amener cette égalité, on suivra la règle générale suivante :

On choisira d'abord l'inconnue que l'on veut faire disparaître, puis on multipliera la première équation par le coefficient de l'inconnue dans la seconde équation, et en outre, on multipliera la seconde équation par le coefficient de l'inconnue dans la première.

Dans le problème qui nous occupe, si l'on désire éliminer y, on devra multiplier l'équation (A) par 4, et l'équation (B) par 5.

On écrira alors ces équations et on les unira comme ci-dessous.

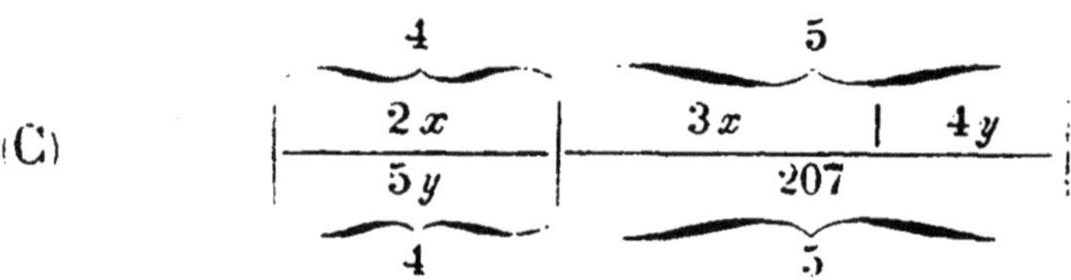

D'où en chassant y en haut et en bas, et en effectuant les calculs il vient :

$$\left|\frac{8\,x \quad | \quad 15\,x}{5 \times 207}\right| \quad \text{ou} \quad \left|\frac{23\,x}{1.035}\right| \quad \text{d'où} \quad \left|\frac{x}{45}\right|$$

Pour avoir la valeur de y, il suffira de porter cette valeur de x dans l'équation (A) et d'opérer les calculs. On aura ainsi :

$$\left|\frac{2 \times 45}{5\,y}\right| \quad \text{d'où} \quad \left|\frac{18}{y}\right|$$

Au lieu de commencer par éliminer y. on aurait pu commencer par x ; dans ce cas, en appliquant toujours la règle donnée plus haut, il aurait fallu multiplier l'équation (A) par 3 et l'équation (B) par 2, puis opérer la liaison en renversant l'équation (B) pour avoir x en haut et en bas ; on aurait alors obtenu ce qui suit :

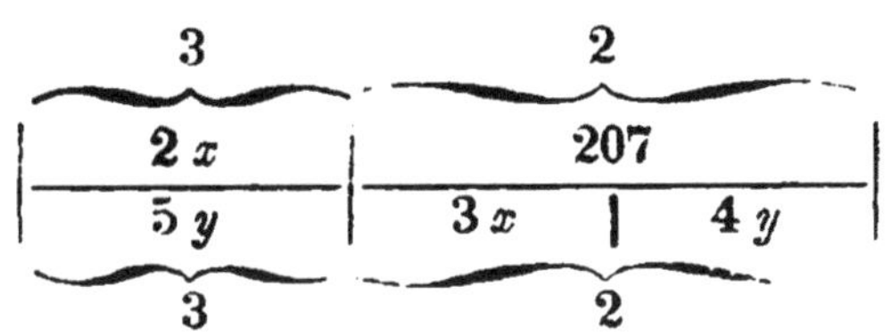

d'où $\left|\dfrac{2 \times 207}{15\,y \mid 8\,y}\right|$ ou $\left|\dfrac{414}{23\,y}\right|$ ou $\left|\dfrac{18}{y}\right|$

Cette valeur de y portée dans l'équation (A) donnera x.

$\left|\dfrac{2\,x}{5 \times 18}\right|$ d'où $\left|\dfrac{x}{45}\right|$

CHAPITRE II.

QUANTITÉS PROPORTIONNELLES.

SYMBOLE. — CROIX DE PROPORTION.

La manière de représenter les relations des quantités proportionnelles repose sur les propriétés de la figure 3 suivante :

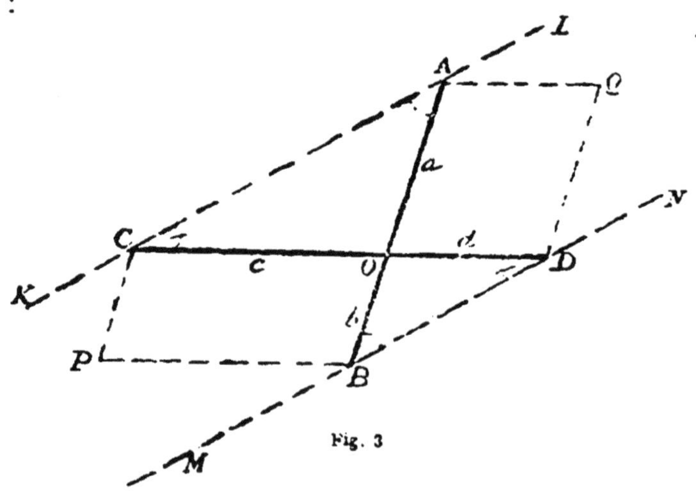

Fig. 3

Traçons deux parallèles quelconques, KL et MN.
Prenons un point quelconque O, entre ces parallèles et,

par ce point, menons les deux droites AB et CD, qui se coupent et qui rejoignent les parallèles.

Appelons a et b les portions AO et BO de la droite AB, et c et d les portions CO et DO de la droite CD.

Démontrons que d'après la construction on a :

$$a : b :: c : d$$

ou que

$$a \times d = c \times b$$

Les deux triangles AOC et BOD sont semblables, à cause de l'égalité de leurs angles chacun à chacun.

AOC = BOD, comme opposés par le sommet ;

CAO = DBO, comme alternes internes relativement aux deux parallèles KL et MN et à la transversale AB ;

ACO = BDO par une raison analogue.

On peut donc écrire :

$$AO : BO :: CO : DO$$

et par suite

$$AO \times DO = CO \times BO ;$$

ou en employant les petites lettres :

$$a : b :: c : d$$

ou

$$a \times d = c \times b.$$

Géométriquement cette égalité peut aussi signifier que si l'on complète les parallélogrammes AODQ et BOCP, ces deux parallélogrammes seront équivalents.

Cela posé, de la figure 3 nous ne conserverons que les droites AB et CD.

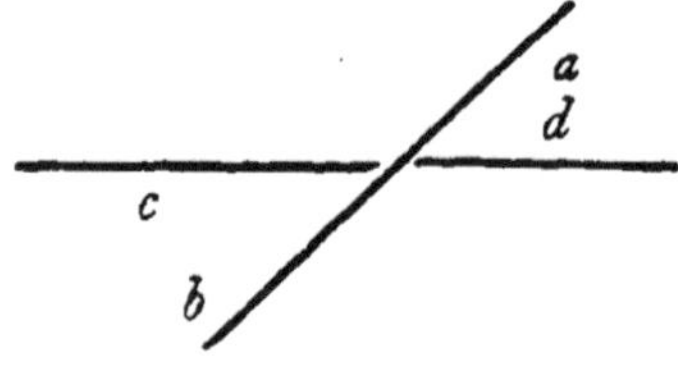

Fig. 4.

et les petites lettres *a*, *b*, *c*, *d*; tout le reste sera supprimé.

Nous obtiendrons alors la figure 4, qui sera pour nous le symbole de la proportionnalité et que nous appelerons :

Croix de proportion.

Comme dans ce symbole c'est, non la longueur des lignes (qui du reste est representée par les lettres ou les nombres), mais bien leur position relative qui produit leur signification, nous pourrons, sans inconvénient, donner aux bras de la croix une longueur arbitraire, comme dans les figures 5 et suivantes.

Dans les deux figures 5 et 6, nous résumerons les propriétés de la croix de proportion :

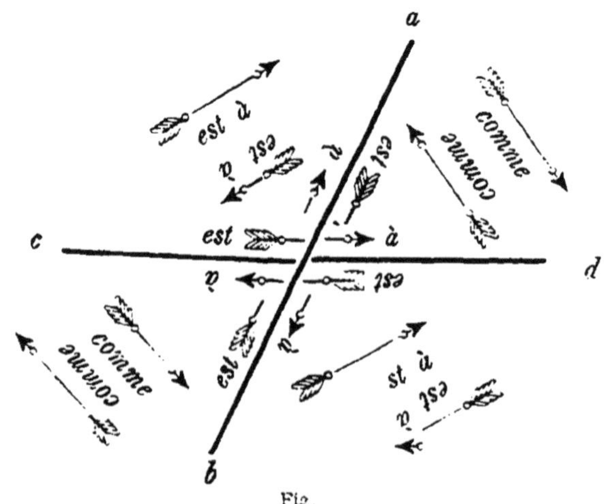

Fig.

Sur la figure 5 on voit 4 angles; *deux aigus* présentant chacun deux fois le mot *comme*; *deux obtus* présentant deux fois le mot *est à*; en outre, *les deux droites* qui se coupent ont aussi chacune deux fois les mots *est à*.

Les inscriptions doubles de chaque élément de la figure sont écrites en sens inverse; elles indiquent comment doit être interprétée la figure. elles signifient qu'on doit lire ce qui suit :

1° Sur le contour.

a	est à	*c*	comme	*b*	est à	*d*
d	:	*b*	: :	*c*	:	*a*
b	:	*d*	: :	*a*	:	*c*
c	:	*a*	: :	*d*	:	*b*

2° En passant par le milieu.

a	est à	*b*	comme	*c*	est à	*d*
d	:	*c*	: :	*b*	:	*a*
c	:	*d*	: :	*a*	:	*b*
b	:	*a*	: :	*d*	:	*c*

Des divers éléments de la figure, il faudra toujours se souvenir qu'il n'y a que les deux angles aigus qui portent la dénomination *comme*; tous les autres portent la dénomination *est à*. Il est donc très-facile de se fixer la figure dans la mémoire, et alors elle pourra servir à représenter *à la fois* tous les rapports des quatre quantités *a*, *b*, *c*, *d*, sans qu'il soit nécessaire d'en écrire un en particulier.

On a fait à dessein aigus les angles *comme*, pour attirer l'attention et éviter la confusion; mais il évident qu'on aurait pu également les faire droits ou obtus.

Dans la suite, il nous arrivera même le plus souvent de les faire droits; mais alors il ne faudra pas oublier que les angles *comme* sont toujours : l'angle supérieur à droite et l'angle inférieur à gauche; les angles *est à* étant aussi toujours l'angle supérieur à gauche et l'angle inférieur à droite.

C'est aussi à dessein que l'on a dressé la figure 3 de manière à avoir pour angles *comme*, le supérieur à droite et l'inférieur à gauche. La raison, que l'on comprendra mieux quand on aura parcouru l'ensemble de ce travail, est de faire ressembler le plus possible ce mode de notation à la notation ordinaire, pour faciliter la traduction, le passage d'une notation à l'autre.

Cette ressemblance est visible dans la formule ci-jointe écrite dans les deux notations.

$$c \overset{a}{\underset{b}{-}} d \qquad\qquad c = \frac{a}{b}\, d$$

On remarquera, en effet, que les mêmes lettres ont la même position relative et expriment dans les deux formules les mêmes relations mathématiques.

Dans mes premiers essais, la figure 3 avait été dressée de manière, que les angles *comme*, ou ce qui est la même chose, que les deux parallélogrammes occupaient l'un l'angle supérieur à gauche, et l'autre l'angle inférieur à droite; mais, dans la suite, à cause des inconvénients qui en résultaient pour le passage d'une notation à l'autre, j'ai changé la disposition et choisi la figure 3 telle que je l'ai décrite ci-dessus.

Plus loin, nous exposerons une autre manière très commode de dénommer d'une manière générale, les quatre bras de la croix de proportion ; mais auparavant, donnons une autre interprétation utile de la figure 4.

La figure 4 peut encore être interprétée, ainsi que le montre la figure 6 suivante :

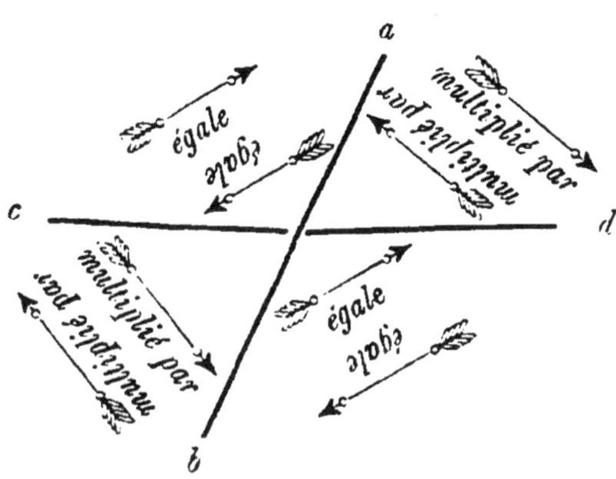

Fig. 6.

qu'on peut lire à volonté suivant l'une quelconque des manières suivantes :

a	multiplié	par *d*	égale	*b*	multiplié	par *c*
c	id.	*b*	id.	*d*	id.	*a*
b	id.	*c*	id.	*a*	id.	*d*
d	id.	*a*	id.	*c*	id.	*b*

Ainsi les angles appelés *comme*, quand il s'agit d'un rapport, signifient *multiplié par* quand il s'agit d'un produit.

Appellation générale des bras de la croix de proportion.

Décrivons maintenant une autre manière très-commode de désigner les bras *a*, *b*, *c*, *d*, de la figure générale 4.

Au lieu de tracer les droites de façon à avoir deux angles aigus et deux angles obtus, traçons-les perpendiculairement l'une à l'autre, tout en leur conservant la même signification ; puis donnons aux quatre quantités a, b, c, d, les noms des quatre points cardinaux ; *nord*, *sud*, *ouest*, *est*, comme dans la rose des vents, et ainsi que cela est représenté dans la figure 7.

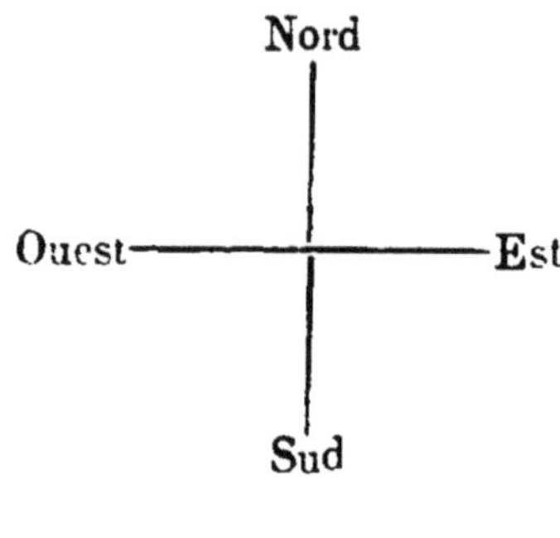

Fig. 7.

Alors nous pourrons dire que les angles à signification, *comme* ou *multiplié par*, sont les angles *nord-est* et *sud-ouest*, et que ceux à signification *est à* ou *égale* sont les angles *nord-ouest* et *sud-est*.

On dira encore le produit du *nord* par l'*est* est égal au produit du *sud* par l'*ouest*.

De cette égalité des produits :

NORD-EST
et SUD-OUEST

il résulte que :

Si de ces quatre quantités, trois sont connues, il sera facile de déterminer la quatrième.

On n'aura qu'à appliquer la règle bien connue suivante : *Quand on connait le produit de deux facteurs et l'un de ces facteurs on obtient l'autre facteur en divisant le produit par le facteur connu.*

Si l'on suppose que chacune des 4 quantités a, b, c, d, devient tour à tour inconnue les trois autres étant connues, on trouvera la valeur de l'inconnue par les équations inscrites en notation ordinaire :

$$a = \frac{c.b}{d}$$

$$b = \frac{a.d}{c}$$

$$c = \frac{a.d}{b}$$

$$d = \frac{c\,b}{a}$$

Dans notre nouvelle manière d'écrire, le symbole général :

$$\begin{array}{ccc} & a & \\ c & + & d \\ & b & \end{array}$$

représente à la fois les quatre équations précédentes; et sans qu'il soit besoin d'écrire aucune transformation algébrique, on tirera mentalement et sans aucune difficulté la valeur de l'une quelconque des inconnues, par l'application de la règle citée plus haut.

Comme on le voit aucune des quatre quantités n'est spécialement isolée; à elles quatre, elles forment une espèce de système équilibré.

Avant d'aller plus loin, citons un rapprochement entre le symbole de l'addition et celui de la proportionnalité.

Dans le premier on a deux sommes égales, figurées par une même ligne droite dont les deux côtés présentent des subdivisions généralement inégales.

Dans le second on a deux produits égaux formés par des nombres inégaux et représentés par les quatre bras d'une croix.

L'inconnue quelle qu'elle soit se tire dans les deux cas, mentalement, par une règle analogue d'une grande simplicité et sans qu'il soit besoin de rien écrire.

Changement de place des diverses lettres sur les bras de la croix de proportion.

Dans la résolution des divers problèmes qui peuvent se présenter, il arrive que l'on peut avoir à combiner entre elles plusieurs croix, et dans ce cas il est quelquefois nécessaire de changer de place sur la croix les diverses lettres qui y entrent.

Montrons que moyennant certaines règles très simples, on peut faire occuper à une même lettre, tel bras de la croix que l'on désire :

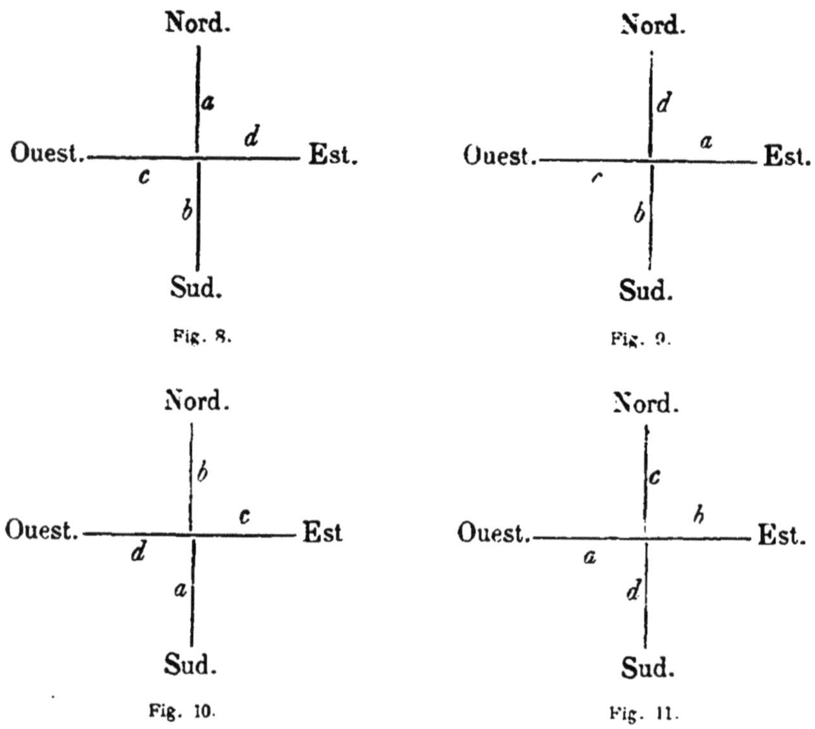

Fig. 8. Fig. 9. Fig. 10. Fig. 11.

Prenons pour exemple la lettre *a* qui est au nord, fig. 8 et proposons-nous de la faire passer successivement à l'est, fig. 9 ; au sud. fig. 10 et à l'ouest fig. 11.

1° *a* à l'est. —On voit sur la fig. 8 que l'on pourra mettre *a* à la place de *d*, et *d* à la place de *a* ; car ces deux quantités doivent être multipliées l'une par l'autre, et l'on sait que l'on ne change pas un produit en changeant l'ordre des facteurs. On aura ainsi la figure 9.

En général on pourra dire : toute quantité qui est au nord pourra changer de place avec celle qui est à l'est et réciproquement.

De même, par une raison semblable, toute quantité qui est au sud pourra changer de place avec celle qui est à l'ouest et réciproquement.

2° *a* au sud. — Pour faire passer *a* du nord au sud, il faudra non-seulement intervertir *a* et *b* de la fig. 8, mais aussi *c* et *d*, puisque toujours *a* doit être multiplié par *d* et *c* par *b*. On obtiendra ainsi la fig. 10.

Donc en général quand on voudra intervertir les deux lettres qui occupent les deux bras opposés d'une même croix de proportion, il faudra aussi intervertir les deux lettres des deux autres bras de la même croix.

3° *a* à l'ouest. — Si partant de la figure 8, on veut faire passer *a* à l'ouest, il faudra intervertir *a* et *c* et aussi *b* et *d*. La raison est la même que dans le cas prédédent. La figure obtenue sera alors la figure 11.

De là, la régle suivante : toutes les fois qu'une quantité placée au nord changera de place avec une quantité à l'ouest, la quantité au sud changera de place avec la quantité à l'est et réciproquement.

Liaison des croix de proportion.

Quand deux croix de proportion ont une lettre ou quantité commune, on peut les joindre par la lettre ou quantité commune qui sert ainsi de trait d'union.

On peut, de cette manière, réunir en une seule expression autant de croix qu'on le veut, du moment où elles ont entre elles, deux à deux, une quantité commune qui permet d'opérer la liaison.

Cette nouvelle expression jouit d'une propriété remarquable : c'est que, comme dans la croix simple, *le produit des quantités extérieures nord, par les quantités extérieures est, est égal au produit des quantités extérieures sud, par les quantités extérieures ouest.*

Quant aux quantités *intérieures ou centrales*, celles qui forment la liaison des croix, elles doivent être considérées comme *n'existant pas*, comme *latentes ;* elles s'évanouissent dans l'expression complète et sont ainsi éliminées.

Mais si, dans l'expression complète, on considère les expressions particulières qui ont servi à la former, la liaison n'existant plus, les quantités intérieures redeviennent extérieures et dès lors leur valeur entre dans les calculs.

Donnons un exemple.

Soient les deux symboles :

$$\begin{array}{ccc} & a & \\ x & + & y \\ & b & \end{array} \qquad\qquad \begin{array}{ccc} & c & \\ y & + & z \\ & d & \end{array}$$

Ces deux formules ont la lettre y commune :

On peut les joindre par cette lettre et l'on aura le symbole composé :

$$\begin{array}{ccccc} & a & & c & \\ x & + & y & + & z \\ & b & & d & \end{array}$$

Cette manière d'unir deux croix de proportion, ressemble à ce qui se fait quand on joue au jeu de dominos.

Dans ce nouveau symbole composé, il est facile de voir que l'on a. entre les quantités extérieures, la relation :

$$a \times c \times z = x \times b \times d$$

la quantité intérieure y, devant être considérée comme n'entrant pas, restant latente dans l'équation complète.

On a en effet :

$$a \times y = x \times b$$

et

$$c \times z = y \times d$$

en multipliant ces deux équations membre à membre, on a :

$$a \times y \times c \times z = x \times b \times y \times d$$

et comme y est commun aux deux membres de la nouvelle équation, il disparait et l'on obtient :

$$a \times c \times z = x \times b \times d$$

ce qu'il fallait démontrer.

Si l'on avait un plus grand nombre de croix liées, on démontrerait d'une manière semblable que toutes les quantités intérieures disparaissent dans l'équation complete, et que celles extérieures seules doivent concourir à la formation des produits égaux nord-est et sud-ouest.

Les croix de proportion peuvent s'unir soit horizontalement soit verticalement, et même quelquefois des deux manières à la fois. On en trouvera un exemple dans la liaison des croix suivantes :

$$x \overset{a}{\underset{b}{+}} y \qquad y \overset{c}{\underset{d}{+}} z \qquad z \overset{e}{\underset{f}{+}} u \qquad m \overset{d}{\underset{k}{+}} n \qquad o \overset{k}{\underset{l}{+}} p$$

qui peuvent s'unir comme le montre ce symbole général :

$$\begin{array}{ccccccc}
 & a & & c & & e & \\
x & + & y & + & z & + & u \\
 & b & & d & & f & \\
 & & m & + & n & & \\
 & & & k & & & \\
 & & o & + & p & & \\
 & & & l & & &
\end{array}$$

Comme les diverses lettres d'une même croix peuvent, ainsi qu'on l'a vu plus haut, être amenées à occuper tel bras de la croix que l'on désire, on pourra à volonté écrire les symboles composés de plusieurs croix successives, soit sur une ligne horizontale, soit sur une ligne verticale.

Ainsi, en résumé, ce qui caractérise la liaison des croix de proportion, c'est que contrairement à ce qui arrive dans la notation ordinaire, les quantités qui s'éliminent dans la formule générale, deviennent ici latentes tout en restant dans la formule. De cette façon, on voit dans une formule générale, toutes les formules particulières qui ont servi à la former, et c'est là dans un grand nombre de cas un avantage important. Il en résulte qu'une seule formule générale peut remplacer toutes les formules particulières et répondre à tous les cas sans qu'il soit besoin d'effectuer aucune transformation algébrique : telle inconnue que l'on désire se déduisant mentalement d'un seul coup d'œil, soit de l'équation générale, soit d'une ou plusieurs des équations particulières qui y sont renfermées.

Pour déterminer une inconnue quelconque *extérieure*, toutes les autres quantités extérieures étant connues, on se rappellera, ainsi qu'on l'a déjà dit, que ces quantités extérieures forment deux produits égaux :

Facteurs *Nord* × facteurs *Est* = facteurs *Sud* × facteurs *Ouest*

l'un des produits ne renfermant pas d'inconnue on l'effectuera, l'autre renfermant une inconnue on fera le produit des factures connus et l'on obtiendra l'inconnue en divisant le premier produit effectué par le second.

Si l'inconnue était *intérieure* on la ferait devenir extérieure en rompant la chaîne mentalement à l'endroit du symbole général où se trouve cette inconnue. Dans les deux tronçons obtenus, l'inconnue étant devenue extérieure, on pourra à volonté tirer sa valeur de l'un ou de l'autre tronçon par la règle donnée précédemment.

Nous avons vu comment on unit deux croix dans le cas le plus simple, celui où elles ont toutes les deux une même lettre simple, c'est-à-dire non accompagnée d'un coefficient autre que l'unité.

On procède de la même manière quand la lettre commune se trouve munie d'un même coefficient dans les deux croix.

Quand la lettre commune présente des coefficients différents dans les deux croix, on pourra encore opérer la liaison, mais il sera d'abord nécessaire, ou de débarrasser la lettre de son coefficient dans chaque croix, ou d'amener la lettre à avoir le même coefficient de part et d'autre.

On y parvient par les moyens suivants :

1° Comme chaque croix représente deux produits égaux, et que dans un produit on peut changer l'ordre des facteurs, on pourra, sans inconvénient déplacer un coefficient et le porter à l'autre bras qui appartient au même produit : ainsi, si un coefficient se trouve au bras *nord* on pourra le porter au bras *est* et réciproquement. De même encore si un coefficient fait partie du bras *sud*, on pourra le mettre au bras *ouest* et réciproquement.

Exemple :

Soient les deux croix :

$$\begin{array}{ccc} & 2a & \\ c & + & d \\ & b & \end{array} \qquad\qquad \begin{array}{ccc} & h & \\ k & + & l \\ & 3a & \end{array}$$

ces deux symboles équivalent à ceux-ci :

$$\begin{array}{ccc} & a & \\ c & + & 2.d \\ & b & \end{array} \qquad \qquad \begin{array}{ccc} & h & \\ 3.k & + & l \\ & a & \end{array}$$

qui pourront alors être unis par le bras a :

$$\begin{array}{cccc} & h & & \\ 3.k & + & l & \\ & a & & \\ & c & + & 2.d \\ & & b & \end{array}$$

2° On peut encore amener la lettre commune à avoir le même coefficient dans les deux croix, en multipliant à la fois les deux produits d'une même croix par un coefficient convenablement choisi ; cela ne change évidemment rien aux relations qui existent entre les divers bras de la croix.

Cette manière de procéder dont nous donnons ci-dessous un exemple, produit en général des formules moins simples, mais elle peut être utile dans certains cas.

Soit à unir les deux croix :

$$\begin{array}{ccc} & a & \\ c & + & d \\ & b & \end{array} \qquad \qquad \begin{array}{ccc} & e & \\ 5.d & + & k \\ & h & \end{array}$$

la première croix peut être écrite

$$\begin{array}{ccc} & a & \\ 5.c & + & 5.d \\ & b & \end{array}$$

et la liaison pourra se faire comme il suit :

$$\begin{array}{ccccc} & a & & e & \\ 5.c & + & 5.d & + & k \\ & b & & h & \end{array}$$

On peut encore combiner l'emploi des deux moyens précédents comme dans l'exemple suivant :

$$\begin{array}{ccc} & a & \\ c & + & 2.d \\ & b & \end{array} \qquad\qquad \begin{array}{ccc} & m & \\ 5.d & + & n \\ & h & \end{array}$$

qui donne

$$\begin{array}{ccccc} & 2a & & m & \\ 5.c & + & 5.d & + & n \\ & b & & h & \end{array} \qquad \text{ou encore} \qquad \begin{array}{ccccc} & a & & m & \\ c & + & 2.d & + & 2.n \\ & b & & 5.h & \end{array}$$

mais le symbole le plus simple est évidemment

$$\begin{array}{ccccc} & 2.a & & m & \\ c & + & d & + & n \\ & b & & 5.h & \end{array}$$

obtenu par le simple déplacement des coefficients de la lettre commune *d*.

Je m'arrêterai là, dans l'énumération des propriétés principales des croix de proportion, mais j'ajouterai quelques mots pour montrer comment on peut résoudre les problèmes qui en dépendent, par des constructions graphiques.

Traduction des formules précédentes en constructions géométriques.

On a vu plus haut que chaque croix de proportion est la représentation, l'image abrégée de deux droites qui se coupent entre deux parallèles et limitées à ces parallèles.

Si donc on donne la valeur de trois bras quelconques d'une croix, il sera facile de trouver le quatrième bras par une construction géométrique très simple.

En effet, soit la croix

$$\begin{array}{ccc} & a & \\ b & - & c \\ & x & \end{array}$$

dans laquelle les bras *a*, *b*, *c*, sont connus.

Il suffira pour trouver graphiquement la valeur de *x*, de donner aux bras connus des longueurs proportionnelles aux quantités qu'ils représentent ; de joindre par une ligne droite les extrémités libres de *a* et de *b*, puis de tracer par l'extrémité de *c* une parallèle à cette droite, comme le montre la figure 12 suivante.

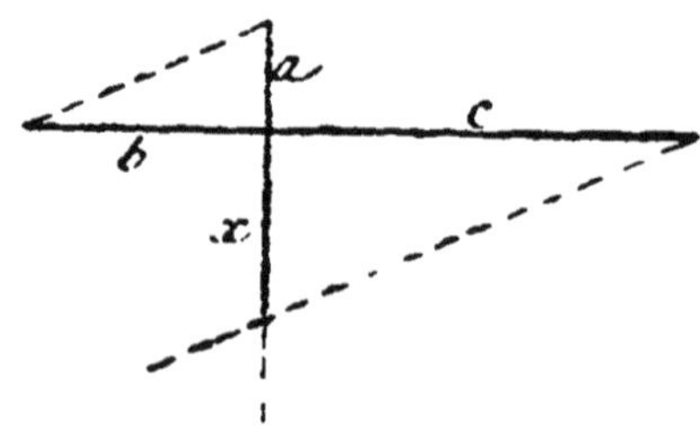

Fig. 12

Cette parrallèle coupera le quatrième bras de la croix en un point qui sera l'extrémité de x. La valeur de x sera donc ainsi connue.

Si au lieu d'une croix simple on veut construire des symboles composés de plusieurs croix liées, comme en donne la résolution des problèmes à plusieurs inconnues, où il y a autant de croix que d'inconnues, en opérera d'une manière analogue.

Il faudra d'abord commencer par la croix dont trois bras sont connus pour en déterminer le quatrième bras, c'est-à-dire la première inconnue.

On procédera alors de la même manière pour la croix suivante, ce qui donnera la valeur de la seconde inconnue; et l'on continuera successivement de même autant de fois qu'il y aura de croix, c'est-à-dire d'inconnues à déterminer graphiquement.

Exemple :

Soient les trois croix :

a	x	y
$b + c$	$d + e$	$f + g$
x	y	z

dans lesquelles a, b, c, d, e, f, g, h, représentent des quantités connues et x, y, z, des quantités inconnues.

Ces croix unies donnent le symbole composé :

a
$b + c$
x
$d + e$
y
$f + g$
z

Pour obtenir graphiquement la valeur des inconnues x,

y et z on commencera par déterminer x dans la première croix, comme il a été dit plus haut. Alors x étant connu, on pourra procéder à la construction de la seconde croix qui donnera y. Enfin la connaissance de y, permettra de passer à la détermination de z dans la troisième croix.

La figure 13 suivante résume ces constructions.

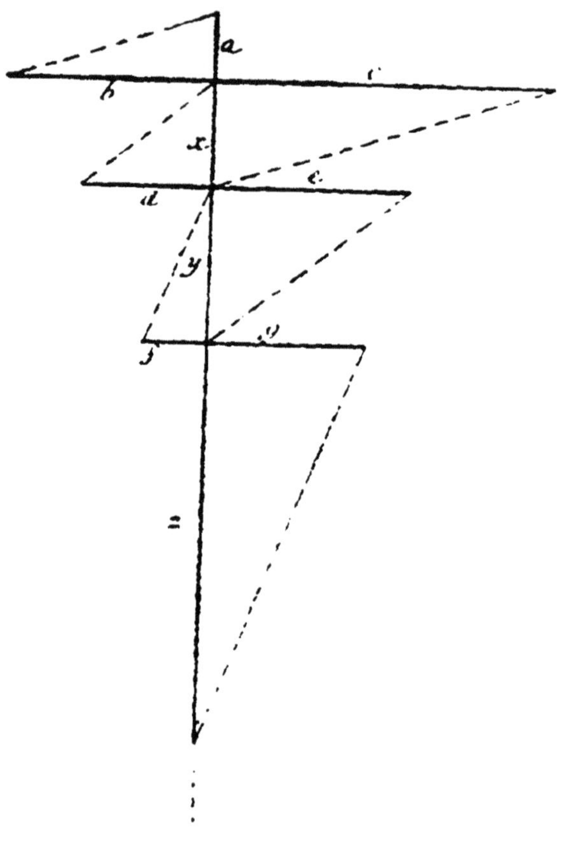

Fig. 13

CHAPITRE III.

MODIFICATIONS AUX SIGNES

DE LA NOTATION ALGÉBRIQUE ORDINAIRE.

Dans ce qui précède, on a vu que certains signes ont, dans notre système, une autre signification que dans la notation algébrique ordinaire.

Par exemple, la croix de proportion, qui est pour nous le symbole de la proportionnalité, est dans la notation ordinaire, la représentation du mot *plus*.

Pour éviter la confusion qui résulterait de cette double signification, j'ai cherché à déduire des symboles précédents, des signes arbitraires ayant avec eux une grande analogie, pour figurer la nature et les relations des quantités numériques ou algébriques, et préparer la mise en équation.

Dans les chapitres précédents, il n'a été question que de *symboles fermés*, c'est-à-dire d'*équations complètes*. Par le moyen des nouveaux signes, on pourra représenter des *symboles ouverts*, c'est-à-dire des *expressions numériques ou algébriques*.

De la sorte, ces signes pourront être introduits sans modification dans les équations figurées suivant notre système.

Ces nouveaux signes pourront aussi être regardés comme complètement arbitraires et indépendants de leur origine ; c'est-à-dire que si on les emploie dans la mise en équation d'un problème, suivant la pratique ordinaire, on pourra opérer sur eux les mêmes opérations, les mêmes transformations de formules que sur les signes qu'ils remplacent.

On ne sera donc pas forcé de suivre telle méthode plutôt que telle autre, mais on pourra à volonté leur appliquer les méthodes que nous avons développées, ou suivre la marche habituelle.

Du reste, les modifications dont il est ici question, ne portent que sur quelques signes : on a conservé le plus grand nombre possible des anciens signes avec leur signification actuelle.

Nous allons figurer ci-après ces différents signes, en indiquant le sens qu'on doit leur attribuer, puis nous donnerons un certain nombre d'exemples pour en faciliter l'usage et permettre de juger de l'aspect général que présentent les formules.

Dans toute la suite de ce travail on fera usage de ces signes avec leur nouvelle signification. Il ne faudra pas l'oublier pour ne pas faire de confusion.

Quantité positive : petit trait placé au dessous ou à droite de la quantité.

Exemple : *plus a*, $\underline{a}$ ou $a|$

Quantité négative : petit trait placé au dessus, ou à gauche de la quantité.

Exemple : *moins a*. a ou $|a$

Signe plus, entre deux quantités : $\perp$ $-|$

Exemple : *a plus b*, $a \perp b$ ou $\dfrac{a}{b}$

Signe moins, entre deux quantités : $—$ $|$

Exemple : *a moins b*, $\dfrac{a}{b}$ ou $a \mid b$

Combinaisons des signes plus et moins.

Exemples : *a plus b moins c* $\dfrac{a \mid b}{c}$ ou $\dfrac{a}{b} c$

a moins b moins c $\dfrac{a}{b \mid c}$ ou $a \dfrac{b}{c}$

moins a moins b $\dfrac{}{a \mid b}$ ou $\Big| \dfrac{a}{b}$

Signe égal : $=$

Exemple : *a plus b égal c moins d.*

$a \perp b = \dfrac{c}{d}$

Signe multiplié par.

Toutes les conventions admises pour figurer multiplié par, dans la notation ordinaire ont été conservées. Ainsi, suivant les cas, on pourra employer le signe ordinaire $\times$, ou un point, ou une parenthèse, et l'on pourra même supprimer quelquefois toute espèce de signe.

Il faudra remarquer que ces signes pourront servir, non-seulement sur une ligne horizontale, comme habituellement, mais encore sur une ligne verticale.

Exemple :

a multiplié par b $a \times b$ ou $\begin{matrix} a \\ \times \\ b \end{matrix}$

Signe, divisé par : le trait — ou | placé ainsi qu'il suit : ou l'ancien signe : deux points.

Exemple : *a divisé par b*

$$a - b \quad \text{ou} \quad \begin{array}{c} a \\ | \\ b \end{array} \quad a : b$$

On remarquera que le nouveau signe est tiré de la croix de proportion, dont on emploiera, suivant le besoin, la ligne horizontale ou la ligne verticale.

Quoique ce signe soit identique avec le signe *moins* décrit précédemment, il ne pourra pas être confondu avec lui, car il ne se place pas de la même manière relativement aux quantités à unir.

Les autres signes de la notation ordinaire relatifs à l'extraction des racines, à l'élévation à des puissances, etc., etc., seront conservés.

Exemples de diverses expressions numériques dans la notation ordinaire et dans la notation nouvelle.

Notation ordinaire :

$$\frac{82 \times 17 \times 66 \quad 82 - 56}{15 \times 45}$$

Notation nouvelle :

$$82 \times 17 \times 66 \; \frac{82}{56} - 15 \times 45$$

ou

$$82 \times 17 \times 66 \; \frac{82}{56} - 15 - 45$$

Notation ordinaire :

$$32 \times 15 + 24 - 5 \times 17$$

Notation nouvelle :

$$\begin{array}{c} 32 \\ 15 \mid 24 \\ \hline 5 \times 17 \end{array}$$

Notation ordinaire :

$$\left(3 + \frac{26}{25} \right) - 15 \times \left(\frac{43}{12} - 1 \right)$$

Notation nouvelle :

$$\begin{array}{c} 3 \mid 26 - 25 \\ \hline 15 \dfrac{43 - 12}{1} \end{array}$$

CHAPITRE IV.

APPLICATIONS DIVERSES.

RÈGLE DE TROIS. — INTÉRÊT SIMPLE.

Soit C un capital, I l'intérêt qu'il rapporte, au taux t pour 100.

On aura la proportion :

Grand capital est à grand intérêt comme 100 *est au taux*, que l'on exprimera ainsi qu'il suit :

$$\begin{array}{ccc} & C & \\ 100 & + & t \\ & I & \end{array}$$

si le capital placé à intérêt est une valeur de bourse sujette à variation, 100 devra être remplacé par le cours de cette valeur que j'appellerai B et l'on aura :

$$\begin{array}{ccc} & C & \\ B & + & t \\ & I & \end{array}$$

symbole qui comprendra toutes les opérations que l'on pourra faire et sera l'équivalent des formules suivantes de la notation ordinaire.

$$C = \frac{B \times I}{t}$$

$$I = \frac{C \times t}{B}$$

$$t = \frac{B \times I}{C}$$

$$B = \frac{C \times t}{I}$$

Autre problème.

On a un capital C. placé au taux t, sur une valeur au cours de bourse B. et rapportant I intérêt. On veut recevoir le même intérêt, en transformant cette valeur en une autre. Quelles doivent être les relations entre le capital C′, le taux t', et le cours de bourse B′ de cette autre valeur, pour obtenir le résultat désiré.

Pour la première valeur on a le symbole

$$\begin{array}{ccc} & C & \\ B & + & t \\ & I & \end{array}$$

pour la seconde valeur, on a de même le symbole :

$$\begin{array}{ccc} & C' & \\ B' & + & t' \\ & I & \end{array}$$

En faisant la liaison des deux croix par le bras I, qui d'après l'énoncé est égal de part et d'autre, on obtient le symbole composé définitif :

$$\begin{array}{ccc} & C & \\ B & + & t \\ & I & \\ t' & + & B' \\ & C' & \end{array}$$

qui permettra de calculer l'une des trois quantités, quand les deux autres seront connues.

Pour appliquer cette formule à un exemple numérique, je suppose qu'on ait placé 10.000 fr. en rente 5 pour 100 au cours de 112 francs, et qu'on demande quelle somme il faudra placer en rente 3 pour 100 au cours de 80 francs pour avoir le même intérêt.

On voit aussitôt, sans qu'il soit besoin de rien écrire, qu'il faudra multiplier 10.000 par 5, puis le produit par 80. Cela fait, on divisera le produit obtenu par le résultat de la multiplication de 112 par 3.

On trouvera ainsi 11.904 francs 75 centimes.

Les questions d'intérêt simple ne sont qu'un cas particulier de la règle de trois simple, ou de la règle de trois composée.

Or, on sait combien la règle de trois est d'un fréquent usage. Son emploi est pour ainsi dire incessant dans la pratique journalière de la vie ordinaire, et dans les applications des sciences, de l'industrie, etc.

Notre notation qui représente d'une façon si simple les éléments qui entrent dans la proportionnalité pourra, nous l'espérons, être appliquée avec avantage, pour la résolution des questions qui en dépendent.

CALCULS POUR DÉTERMINER LES DIVERS ÉLÉMENTS D'UN GÉNÉRATEUR DE VAPEUR A BOUILLEURS.

La puissance de vaporisation d'une chaudière à vapeur s'évalue par la quantité de vapeur qu'elle peut produire dans un temps donné, une heure par exemple, et l'on est convenu de prendre pour unité le *cheval-vapeur*, c'est-à-dire la production de 20 kilogs de vapeur par heure.

En outre l'expérience a démontré, relativement aux générateurs ordinaires à bouilleurs :

1° Que pour obtenir une vaporisation équivalente à un cheval-vapeur ou à 20 kil. d'eau par heure, il faut une surface de chauffe réelle de 1,3 mètre carré ;

2° Que chaque mètre carré de surface de chauffe est capable d'absorber en moyenne dans des conditions pratiques, la chaleur dégagée par la combustion de 2^{k}, 5 kilog de houille en une heure :

3° que pour brûler 75 kilogs de charbon par heure, il faut une grille de un mètre carré.

Cela posé, désignons par

V le nombre de kilog. de vapeur produits ou à produire par heure ;
C le nombre correspondant de chevaux-vapeur ;
S la surface de chauffe en mètres carrés ;
K le nombre de kilogr. de charbon qu'il sera nécessaire de brûler par heure ;
G la surface de la grille en mètres carrés.

L'équation génerale entre toutes ces quantités sera :

en notation horizontale.

$$V \underset{1}{\overset{20}{\leftarrow}} C \underset{1,3}{\overset{1}{\leftarrow}} S \underset{2,5}{\overset{1}{\leftarrow}} K \underset{1}{\overset{75}{\leftarrow}} G$$

ou en notation verticale (en écrivant les noms au lieu des lettres),

Kilogr. de vapeur
par heure.
20 ← 1
Chevaux-vapeur
1 ← 1,3
Surface de chauffe
1 ← 2,5
Kilogr. charbon
brûlé par heure.
75 ← 1
Surface de grille.

Dans cette formule, les cinq quantités représentées par des lettres sont dépendantes les unes des autres, et il suffit d'en connaître une seule quelconque choisie à volonté, pour déterminer aisément et successivement les quatre autres par un coup d'œil jeté sur la formule.

Il y a plus, étant donnée une quelconque de ces quantités, on peut déterminer également, telle autre qu'on désire, quelque soit son rang, sans passer par la détermination des intermédiaires.

Il n'y a pour cela qu'à appliquer les règles données précédemment :

Par exemple, je suppose qu'on donne le nombre de chevaux-vapeur C, et qu'on veuille connaître le nombre de kilogs K de charbon à brûler par heure.

On voit aussitôt, en jetant les yeux sur la formule générale, qu'on obtiendra le nombre K : en multipliant le nombre C par 1,3 et le produit par 2,5.

Si maintenant, nous voulons représenter les mêmes relations, par la notation ordinaire ; nous trouvons qu'elles ne peuvent pas s'exprimer par une seule formule générale ; et qu'il faudra quatre formules distinctes, pour exprimer les relations des cinq lettres.

Ces formules seront :

$$V = 20 \times C$$

$$C = \frac{S}{1,3}$$

$$S = \frac{K}{2,5}$$

$$K = 75 \times G$$

Pour passer d'une quantité à l'autre, il faudra effectuer des transformations de formules, qui se compliqueront encore si l'on veut sauter au-dessus d'une ou plusieurs lettres intermédiaires dont on devra faire l'élimination.

Dans les cas analogues à celui-ci, il n'est pas douteux que la notation nouvelle donne des formules plus simples, plus expéditives, plus élégantes que celles de la notation ordinaire.

PROBLÈME SUR LES MÉLANGES.

Exemple de transformations et de combinaisons des divers symboles.

Dans un mélange de chlorure de potassium et de chlorure de sodium, on connait le poids de chlore total p pour 100 du mélange ; déterminer les quantités respectives de chacun des deux sels?

On sait que l'équivalent Cl du chlore est 35,5, celui K du potassium 39, et celui Na du sodium 23.

Je désigne par x et y les quantités cherchées de chlorure de potassium et de chlorure de sodium, et par p' et p'' le poids de chlore de chacun de ces sels.

On écrira d'abord :

K	Cl
39	35,5
74,5	

et

Na	Cl
23	35,5
58,5	

puis on posera les équations (A), (B), (C), (D) :

(A) $\left| \frac{x \;|\; y}{100} \right|$ B $\left| \frac{p' \;|\; p''}{p} \right|$

$$(C)\quad \begin{matrix} 74,5 \\ x \quad + \quad p' \\ 35,5 \end{matrix} \qquad (D)\quad \begin{matrix} 58,5 \\ y \quad + \quad p'' \\ 35,5 \end{matrix}$$

On peut remplacer les deux croix (C) et (D), par les formules suivantes :

$$\left| \frac{74,5 \times p'}{35,5 \times x} \right| \qquad \left| \frac{58,5 \times p''}{35,5 \times y} \right|$$

ou encore par

$$\left| \frac{p'}{35,5 \times x - 74,5} \right| \qquad \left| \frac{p''}{35,5 \times y - 58,5} \right|$$

en opérant la liaison des deux formules en une seule, on obtient la valeur de p

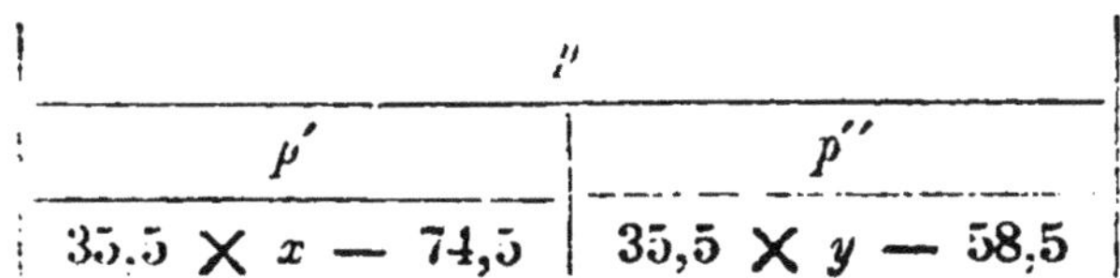

en supprimant les lettres p' et p'', devenues inutiles, et en joignant l'équation (A) dont les deux membres sont multipliés par 35,5 et divisés par 58,5, on élimine le terme qui renferme y, ainsi qu'il suit :

Disparaît.

$$\frac{p}{35{,}5 \times x - 74{,}5 \mid 35{,}5 \times y - 58{,}5} \quad \frac{35{,}5 \times x - 58{,}5 \mid 35{,}5 \times y - 58{,}5}{100 \times 35{,}5 - 58{,}5}$$

Disparaît.

en faisant disparaître les termes inutiles et en modifiant l'arrangement, on obtient :

$$\frac{x \times 35{,}5 - 58{,}5 \mid p}{x \times 35{,}5 - 74{,}5 \mid 100 \times 35{,}5 - 58{,}5}$$

On pourrait calculer par cette formule la valeur de x ; mais on peut la transformer de manière à faire disparaître tous les signes *divisé par*, en multipliant les termes par $74{,}5 \times 58{,}5$, ce qui donne la formule :

$$\frac{x \times 35{,}5 \times 74{,}5 \mid p \times 74{,}5 \times 58{,}5}{x \times 35{,}5 \times 58{,}5 \mid 100 \times 35{,}5 \times 74{,}5}$$

qui peut être mise sous la forme :

$$\frac{x \times 35{,}5 \; \frac{74{,}5}{58{,}5}}{74{,}5 \; \frac{100 \times 35{,}5}{p \times 58{,}5}}$$

Cette formule, traduite en notation ordinaire, est celle-ci :

$$x = \frac{74,5\,(100 \times 35,5 - p \times 58,5)}{35,5\,(74,5 - 58,5)}$$

qui, bien entendu, est celle que l'on obtient par le calcul algébrique ordinaire après des transformations au moins aussi laborieuses.

La valeur de x étant déduite par le calcul de l'une de ou l'autre des formules précédentes, on obtiendra la valeur de y en portant cette valeur de x dans la formule (A) en effectuant les calculs indiqués.

FORMULES RELATIVES AU MOUVEMENT DES CORPS.

1° MOUVEMENT UNIFORME.

Poids. — Masse. — Quantité de mouvement. — Force vive ou double du travail. — Intensité de la pesanteur ou gravité. — Vitesse uniforme.

Soient : P le poids du corps en kilogrammes,

g l'intensité de la pesanteur, ou 9m8088 à Paris,

M la masse du corps,

U la vitesse uniforme dont il est animé,

Q sa quantité de mouvement ou momentum,

2Tv sa force vive en kilogrammètres ou le double du travail disponible.

Dans la notation ordinaire, les relations entre ces quantités s'expriment habituellement en mécanique par les formules suivantes :

$$M = \frac{P}{g}$$

$$Q = MU$$

$$Tv = \tfrac{1}{2}MU^2$$

Ces trois équations, dans leurs modifications et dans leurs combinaisons, donnent lieu à un grand nombre de formules particulières, qu'il est nécessaire de rechercher suivant les problèmes à résoudre.

Dans la notation nouvelle, la relation générale ne comprend qu'une seule formule, et toutes les formules particulières s'en déduisent avec une telle simplicité, qu'il n'y a besoin de rien écrire pour connaître les calculs à faire pour chaque question particulière.

La formule générale est :

en notation horizontale.

$$\begin{array}{ccccccc} & g & & 1 & & 1 & \\ P & \div & M & \div & Q & \div & 2Tv \\ & 1 & & U & & U & \end{array}$$

ou en notation verticale

P	Poids
÷ 1	Gravité ÷ 1
M	Masse
÷ U	1 ÷ Vitesse
Q	Quantité de Mouvement
1 ÷ U	1 ÷ Vitesse
2Tv	Double du travail ou Force vive.

Je n'entrerai pas dans le détail des questions nombreuses que l'on peut résoudre par le moyen de ce symbole ; cela m'entraînerait trop loin, et les personnes qui ont bien compris le mécanisme de cette notation, résoudront facilement ces diverses questions, par l'application des règles données dans le cours de ce travail.

Nous nous arrêterons sur une particularité de ce symbole, laquelle est surtout cause que nous l'avons placé dans nos exemples.

Cela nous amènera à la connaissance d'une nouvelle propriété remarquable de ce système de notation.

Si nous jetons un coup d'œil sur les deux croix unies par la lettre commune Q, c'est-à-dire,

$$\begin{array}{ccc} & M & \\ 1 & + & U \\ & Q & \\ 1 & + & U \\ & 2Tv & \end{array}$$

nous remarquons que de chaque côté de la ligne médiane M, Q, 2 Tv, les bras du même côté, ont la même valeur, savoir :à droite, U U, à gauche 1 1.

Nous allons démontrer que quand cela arrive (quelle que soit la valeur des bras de droite, et celle des bras de gauche), le carré de la lettre médiane intérieure Q est égal au produit des deux lettres médianes extérieures M et 2 Tv, c'est-à-dire que l'on a toujours :

$$Q^2 = 2\ TvM$$

En effet, les deux croix,

$$\begin{array}{ccc} & M & \\ 1 & + & U \\ & Q & \end{array} \quad \text{et} \quad \begin{array}{ccc} & Q & \\ 1 & + & U \\ & 2Tv & \end{array}$$

présentent trois bras égaux chacun à chacun, de sorte qu'

lieu de faire la liaison par le bras Q, on peut la faire aussi bien par tel des deux autres bras communs que l'on choisira.

Si l'on opère la jonction par U, la formule deviendra :

$$1 + \frac{M}{Q} U + \frac{2Tv}{Q} 1$$

si l'on opère la jonction par 1, on obtiendra :

$$U + \frac{Q}{M} 1 + \frac{Q}{2Tv} U$$

Ce qui démontre, sans que nous ayons besoin de donner d'autre explication, la proposition énoncée.

Cette nouvelle relation, accroît encore, quand le cas se produit, le nombre des formules particulières qui se trouvent ainsi condensées dans un symbole général, et dont il est facile de les extraire, sans grande tension d'esprit.

Il ne faudra donc pas la perdre de vue, pour en tirer parti à l'occasion.

2° MOUVEMENT UNIFORMÉMENT VARIÉ.

Intensité de la force. — Vitesse. — Double de l'Espace. — Double du travail ou force vive. — Temps. — Poids du corps.

Soient : G l'intensité d'une force constante ; s'il s'agissait de la pesanteur on remplacerait G par $g = 9{,}8088$;

t le temps pendant lequel la force a agi sur le corps au moment considéré ;

V la vitesse acquise au bout du temps t ;

E l'espace total parcouru pendant le temps t ;

K le poids du corps en kilogrammes ;

2Tv la force vive acquise par le corps à la fin du temps t, ou le double du travail qu'il pourrait produire.

Dans la notation ordinaire les relations entre ces diverses quantités s'expriment habituellement par les formules suivantes :

$$V = Gt \qquad E = \frac{1}{2} Gt^2 \qquad Tv = KE$$

Dans ces formules et de leurs combinaisons on déduit, par des transformations algébriques, les formules particulières dont on a besoin suivant les problèmes à résoudre.

Dans la notation nouvelle, on a le symbole général suivant ; en notation horizontale.

$$\begin{array}{ccccccc} & 1 & & 1 & & 1 & \\ G & + & V & + & 2E & + & 2Tv \\ & t & & t & & K & \end{array}$$

ou en notation verticale :

$$\begin{array}{ccc} & G & \\ 1 & + & t \\ & V & \\ 1 & + & t \\ & 2E & \\ 1 & + & K \\ & 2Tv & \end{array}$$

Ce symbole comprend tous les cas possibles.

Il faut remarquer que dans cette formule, on rencontre encore la même particularité que nous avons signalée dans la formule relative au mouvement uniforme.

On voit, en effet, que dans les deux croix unies par la lettre V sur la ligne G, V, 2 E, les deux bras d'un même côté sont 1, 1, et les deux bras de l'autre côté sont t, t.

Il en résulte que l'on a aussi la relation

$$V^2 = 2EG$$

3° FORMULE GÉNÉRALE RÉSULTANT DE LA COMBINAISON DES DEUX FORMULES PRÉCÉDENTES (1°) et (2°).

Les deux formules précédentes que nous reproduisons ci-dessous peuvent être réunies en une seule qui les résume.

$$
\begin{array}{ccc}
 & P & \\
g & + & 1 \\
 & M & \\
1 & + & U \\
 & Q & \\
1 & + & U \\
 & 2Tv &
\end{array}
\qquad\qquad
\begin{array}{ccc}
 & G & \\
1 & + & t \\
 & V & \\
1 & + & t \\
 & 2E & \\
1 & + & K \\
 & 2Tv &
\end{array}
$$

En effet on remarquera que toutes deux présentent la quantité 2 Tv. Si l'on admet que 2 Tv a la même valeur dans chacune, la liaison pourra s'effectuer par cette lettre et l'on aura alors le symbole général.

$$
\begin{array}{ccc}
 & P & \\
g & + & 1 \\
 & M & \\
1 & + & U \\
 & Q & \\
1 & + & U \\
 & 2Tv & \\
K & + & 1 \\
 & 2E & \\
t & + & 1 \\
 & V & \\
t & + & 1 \\
 & G &
\end{array}
$$

en notation horizontale le même symbole peut s'écrire :

$$
P \overset{g}{\underset{1}{+}} M \overset{1}{\underset{U}{+}} Q \overset{1}{\underset{U}{+}} 2Tv \overset{K}{\underset{1}{+}} 2E \overset{t}{\underset{1}{+}} V \overset{t}{\underset{1}{+}} G
$$

PROPRIÉTÉS DU TRIANGLE RECTANGLE.

Soit, le triangle rectangle ABC, et AH la perpendiculaire abaissée du sommet de l'angle droit sur l'hypothénuse, fig. 14.

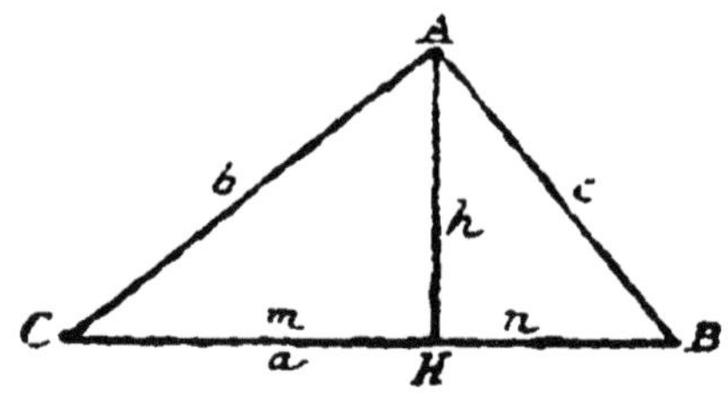

Fig. 14.

Désignons par a l'hypothénuse CB ;
par b et c les côtés AC et AB de l'angle droit.
par h la perpendiculaire AH.
par m et n les portions CH et HB de l'hypothénuse.

Nous nous proposons de trouver les relations qui existent entre ces lignes.

Remarquons d'abord que la figure renferme trois triangles rectangles semblables : le plus grand A B C, sur lequel sont adaptés exactement les deux autres plus petits, H C A et H A B.

Opérons sur la figure 14, deux mouvements :

Premier mouvement, fig 15.

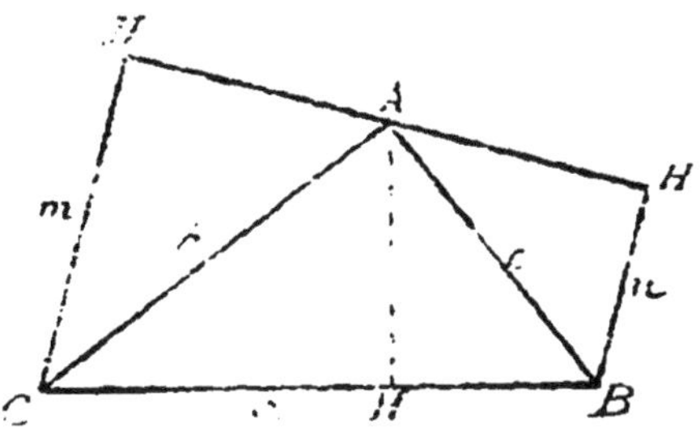

Fig. 15.

on fait pivoter :
le triangle HCA autour de AC pour le rabattre en H'CA
et id. HAB id. AB id. H"AB.

Deuxième mouvement, fig. 16.

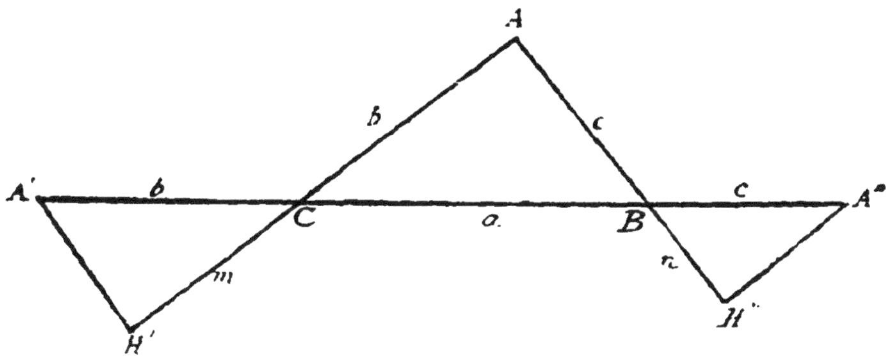

Fig. 16.

on fait tourner dans son plan (voir figures 15 et 16),
le triangle H'AC autour du point C pour l'amener en H'A'C,
et id. H"BA id. id. B id. H"BA"
c'est-à-dire que dans cette nouvelle position, ces deux triangles ont l'un, l'angle en C, l'autre l'angle en B, opposé par le sommet à l'angle de même nom du triangle ABC.

A cause de l'égalité respective des angles dans les trois triangles.

A'H' sera parallèle à AB
et A"H" id. AC.

De là résulte, si l'on se reporte à la génération de la croix de proportion, que l'on pourra écrire :

$$\begin{array}{ccc} & b & \\ m & + & b \\ & a & \end{array} \qquad\qquad \begin{array}{ccc} & c & \\ a & + & c \\ & n & \end{array}$$

Ces symboles traduits en langage ordinaire signifient : que *chaque côté de l'angle droit est moyen proportionnel entre l'hypothénuse et sa projection sur l'hypothénuse*.

Maintenant reportons-nous à la figure (14) et considérons seulement les deux triangles HCA et HAB.

Faisons tourner de 90° dans son plan, autour du point H, le triangle HAB :

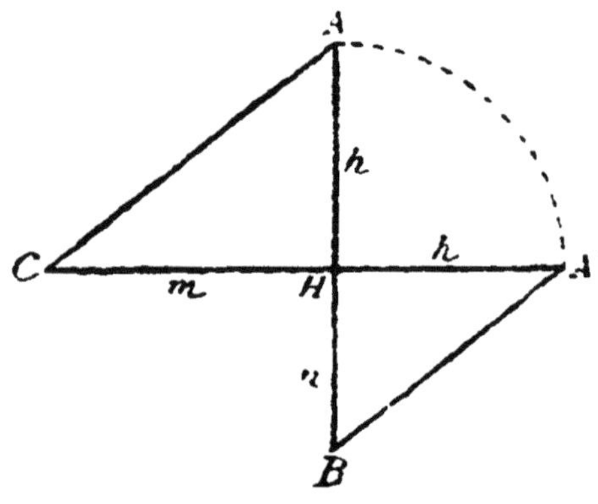

Fig. 17.

Il prendra la position HA'B, comme le montre la figure 17 ci-contre ; alors A'B étant parallèle à AC on aura le symbole :

$$\begin{array}{ccc} & h & \\ m & + & h \\ & n & \end{array}$$

qui indique que la *perpendiculaire est moyenne proportionnelle entre les deux portions de l'hypothénuse*.

Enfin on a encore l'équation :

Pour la clarté de ce qui va suivre réinscrivons les quatre équations précédentes comme il suit :

$$\begin{array}{c} a \\ b + m \\ b \end{array} \qquad \begin{array}{c} a \\ c + n \\ c \end{array} \qquad \begin{array}{c} m \\ h + n \\ h \end{array} \qquad \left| \frac{m \mid n}{a} \right|$$

1° Les deux premières équations peuvent être mises sous la forme,

en les joignant bout à bout on a :

$$\left| \frac{a\,m}{b^2} \Big| \frac{a\,n}{c^2} \right| \quad \text{ou} \quad \left| a \, \frac{m \mid n}{b^2 \mid c^2} \right|$$

en remplaçant m plus n par a, d'après la quatrième équation, on obtient :

$$\left. \frac{a^2}{b^2 \mid c^2} \right|$$

Ce qui démontre que *le carré de l'hypothénuse est égal à la somme des carrés des deux autres côtés.*

2° Unissons les deux premières croix par la lettre commune a et nous aurons :

```
    c
n — + — c
    a
b — + — m
    b
```

Ce qui démontre que *les carrés des deux côtés de l'angle droit sont entre eux, comme les portions correspondantes de l'hypothénuse.*

3° Joignons la première croix à la troisième par la lettre commune m et celle-ci à la deuxième par la lettre commune n ;

Nous aurons le symbole composé :

```
    a       h
b — m — h
    b   n
        c — a
        c
```

Si l'on considère seulement les deux croix unies par la lettre m, on voit que l'on a :

$$a \times h^2 = n \times b^2 \qquad \text{ou} \qquad \frac{a\ h^2}{n\ b^2}$$

et de même si l'on ne considère que les deux croix unies par la lettre n, on obtient :

$$a \times h^2 = m \times c^2 \qquad \text{ou} \qquad \frac{a\ h^2}{m\ c^2}$$

ce qui montre que *le produit de l'hypothénuse par le carré de la perpendiculaire est égal au produit du carré d'un côté quelconque de l'angle droit par la portion de l'hypothénuse contiguë à l'angle opposé.*

Si l'on met bout à bout les deux dernières égalités qui précèdent, en renversant l'une d'elles, on obtient :

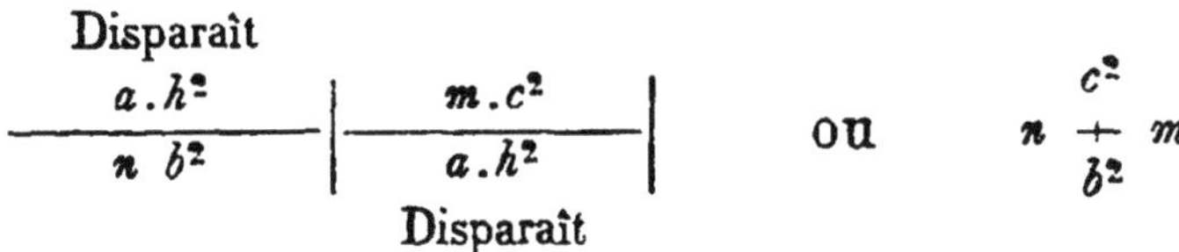

relation déjà trouvée directement au par·graphe 2°.

Si l'on examine la combinaison des trois croix, on voit que :

$$\left|\frac{a^2.h^2}{b^2.c^2}\right| \text{ ou plus simplement } \left|\frac{a.h}{b.c}\right| \text{ ou } \begin{matrix} & a & \\ b & + & h \\ & c & \end{matrix}$$

ce qui signifie que le *produit des deux côtés de l'angle droit est égal au produit de l'hypothénuse par la perpendiculaire*.

Je m'arrêterai ici, dans l'énumération des exemples que j'aurais pu multiplier beaucoup. J'en ai dit assez, pour faire comprendre le mécanisme des nouveaux symboles et en donner une idée générale.

FIN.

TABLE DES MATIÈRES

LILLE. — IMP. L. DANEL.

DU MÊME AUTEUR

Mémoire explicatif d'un cadran musical transpositeur. In-8 de 100 p., 6 planches. — Lille, L. Danel, 1862 .... 2 fr.

Extrait des Mémoires de la Société des Sciences, de l'Agriculture et des Arts de Lille, 2e série, tome IX, année 1862.

Condensateurs de lumière, ou appareils à projeter la lumière, basés sur les propriétés de l'ellipsoïde de révolution allongé, de l'hyperboloïde de révolution à deux nappes, du plan et de la sphère. MÉDAILLE DE VERMEIL. In-8 de 153 p., 6 planches. — Lille, L. Danel, 1865 (épuisé) ... 10 fr.

Extrait des Mémoires couronnés par la Société des Sciences, de l'Agriculture et des Arts de Lille, 3e série, tome V.

Sur un rapport de la Commission des Phares, M. le Ministre des Travaux publics s'est inscrit pour [illegible] exemplaires de cet ouvrage.

Appareil spectroscopique à vision directe. In-8 de 8 p. et 1 planche. — Lille, L. Danel .... 0 50 c.

Extrait des Mémoires couronnés par la Société des Sciences, de l'Agriculture et des Arts de Lille, 3e série, tome 5.

Note sur l'emploi, dans les laboratoires et dans l'industrie, de la lumière monochromatique produite par les sels de soude. In-8 de 7 p. — Lille, L. Danel .... 0.50 c.

Extrait des Mémoires de la Société des Sciences, de l'Agriculture et des Arts de Lille, 3e série, tome XII, année 1873.

Sténographie usuelle, ou écriture phonétique complète et rapide de tous les sons et articulations de la langue française. In-8 de 38 pages. — Lille, L. Danel .... 2 fr. 50 c.

Extrait des Mémoires de la Société des Sciences, de l'Agriculture et des Arts de Lille, 4e série, tome VI, année 1878.

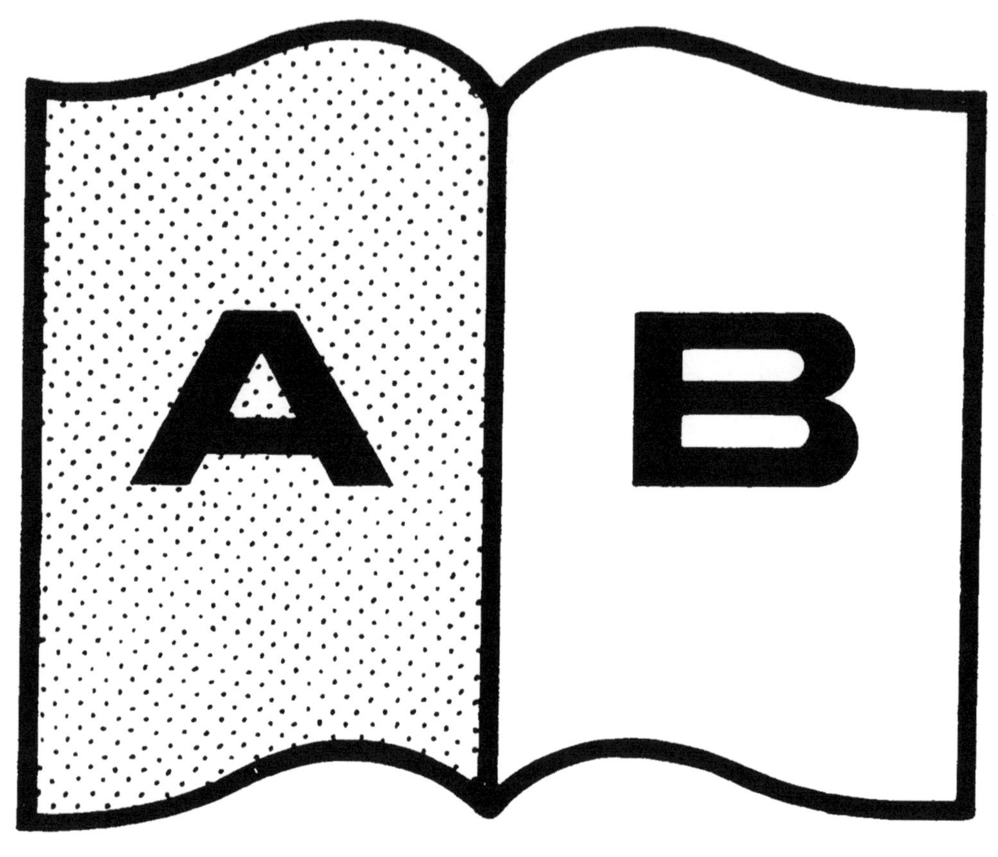

Contraste insuffisant

NF Z 43-120-14

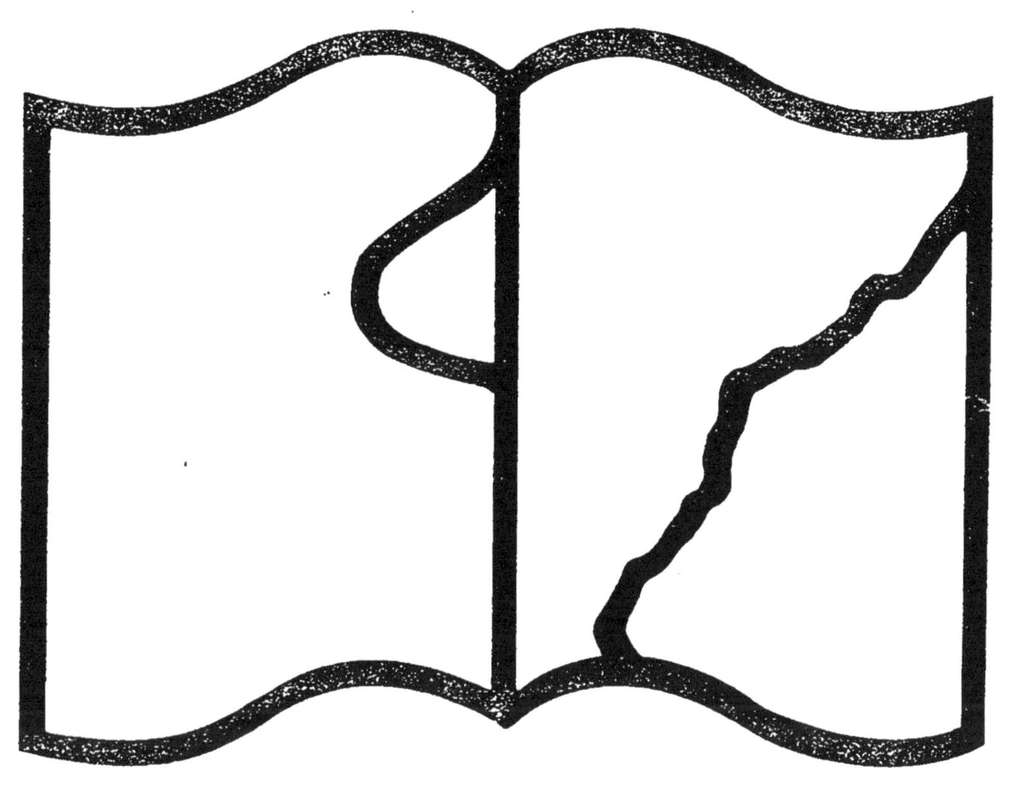

Texte détérioré — reliure défectueuse

NF Z 43-120-11

www.ingramcontent.com/pod-product-compliance
Ingram Content Group UK Ltd.
Pitfield, Milton Keynes, MK11 3LW, UK
UKHW012103240726
13965UKWH00004B/1497

9 782013 429764